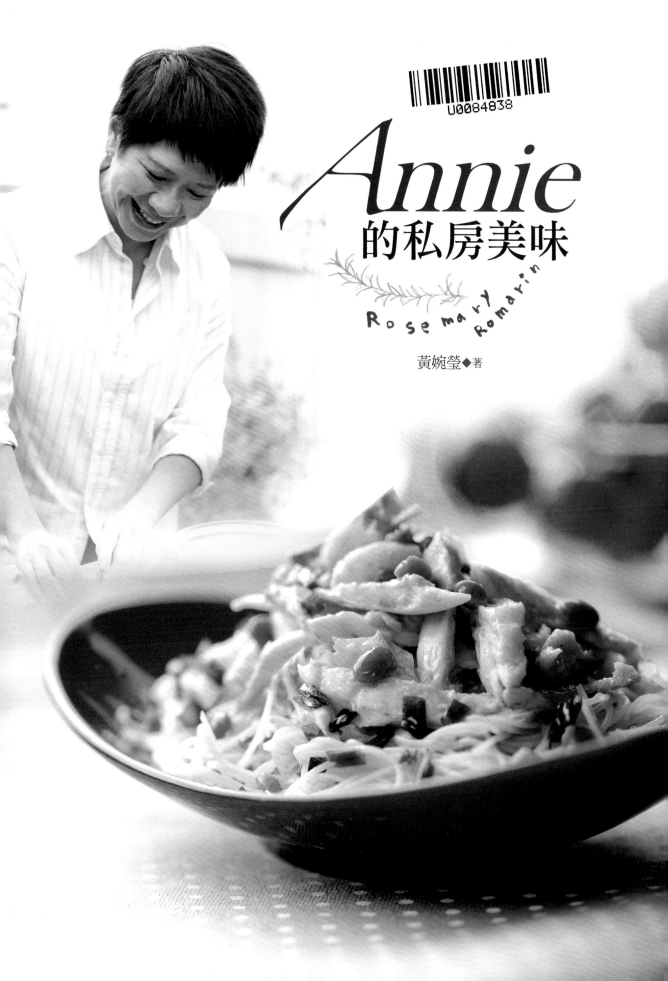

Annie
的私房美味

Rosemary Romarin

黃婉瑩◆著

作者簡介
Introduction

黃婉瑩

烹飪導師
二十多年教學經驗，一顆熾熱之心仍然不倦，喜愛與人分享烹調心得，學生來自世界各地。

著名電視烹飪主持
擔任電視烹飪節目主持逾十多年，粉絲群不分年齡性別，無遠弗界至全球能收看華語節目的地方，極受歡迎。

食物全接觸
1980年開始為飲食雜誌、廣告擔任食物造型師，並擔任眾多著名食物品牌及廚具的飲食顧問

被邀請到多個國家作中菜示範，推廣中國的烹飪藝術

撰寫食譜及擔任電台嘉賓主持

全心全意愛烹飪
飲食無國界，Annie愛到世界各地尋找道地菜餚及特殊食材，舉凡西菜及東南亞菜餚都是她的拿手好戲。

推薦序
Preface

　　香港，一直是真正饕客心目中的美食天堂，香港師傅也一直是知名餐廳廚房中的要角，一切的原因乃是源自於香港人對美味的追求，認真執著的態度，令人欽佩。

　　Annie Wong黃婉瑩，一位香港的烹飪導師，喜歡嘗試搭配不同的味道，在反覆成功、失敗、驚喜、失望中追尋著烹飪的樂趣，也展現了香港人對美味、美食追求的熱忱。

　　很高興有機會將Annie的食譜引介給台灣讀者，希望你們能發現：雖然有著相同的菜名，但吃起來的味道就是不一樣，那是因為裡面加了Annie的心意與新意。

　　願你們在烹調的時候，能跟Annie一樣，享受期間的樂趣。

程顯灝

作者序
Preface

烹飪可說填滿了我的一生。

從小就喜愛烹飪，中學畢業後順理成章的考進了教育學院的家政系，隨後成為全職烹飪導師。有人說：「做這行厭這行」，但我非常慶幸這種感覺還未在我身上出現。除了烹飪導師以外，我也同時任職多個與烹飪有關的工作職位：食物造型師、電視烹飪節目主持人及烹飪書作者。雖然要同時處理好這些工作，很多時候真的讓我忙到喘不過氣來，剛離開日間的工作崗位，馬上就徹夜投入另一項職責。忙碌是必然的，但我從來不覺辛苦，只覺得每一項工作都是充滿挑戰及樂趣，讓我忘卻疲憊，每天都全心投入工作中。一晃眼數十載已過去，至今我仍然非常熱愛烹飪這份工作，完全享受當中的樂趣。

我對烹飪的熱愛，也驅使了我走過大街小巷，周遊列國的四處覓食。除了品嘗美食以外，我尋找食物的最大目的是希望摸索出各家各店大師菜餚的製作精髓及秘笈，然後寫成一般愛下廚的人都可輕易明白的食譜，並將其製作方法重新演繹，讓大家在家中的廚房也可製作出不相伯仲的美味。

讓這些各省各地的經典名菜在各位家中重現，就是我最大的願望。

我與烹飪就是一生的不解之緣。

CONTENTS
目　　　　錄

古早味

甜味

回味

有些味道總是讓人忘不了，
每隔一陣子又會撩起我對它們的記憶。

Unforgettable Flavours

There are flavours one never forgets.
They pop up in your mind every now and then.

{椒絲豆腐乳香煎蝦}

廣東菜的味道變化多端，以不同的烹調方法及醬汁，
就可製作出清淡、香濃等等的菜餚。
當中的代表者之一必定有紅辣椒絲及豆腐乳這個經典的搭配。
你可曾用它們煮出的美味菜餚而不自覺口水直流？我就試過。

▶ 材料

中蝦	300克
太白粉	1湯匙

▶ 醬汁

（一）

紅辣椒	1根(切絲)
紅蔥頭	2粒(切片)

（二）

豆腐乳	4塊(壓爛)
紹興酒	2湯匙
水	4湯匙
糖	1/2-1茶匙

▶ 做法

1. 中蝦沿蝦肚剪開，去除沙囊及黑腸，沖淨，放在漏杓中瀝乾水分。

2. 將6湯匙油油溫加高，中蝦薄薄撲上太白粉，放入熱油內煎炸至兩面金黃後，取出。

3. 留下2湯匙油爆香醬汁(一)，加入醬汁(二)，拌勻，便把蝦回鍋炒至入味。

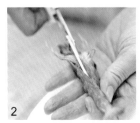

1　　2　　3　　4

{酥炸生蠔}

製作一道酥炸生蠔，每個步驟都不可馬虎。

生蠔要先汆燙至半熟，並且要擦乾水分以免炸漿不能牢牢沾裹在生蠔身上。

炸漿的濃度要適中，太厚炸出來會像一團粉球；

還有炸漿內一定要加入適量油，才能使炸漿酥脆。

最後就是不要吝嗇用油，必須要用足夠的熱油，

才能炸出「脹鼓鼓」的酥炸生蠔。

▶ **材料**		▶ **炸漿**	
生蠔	8隻	麵粉	1杯
薑	4片	太白粉	4湯匙
葱	1條	泡打粉	2茶匙
鹽及胡椒粉	少許	鹽	1/2茶匙
淮鹽及辣醬油	1小碟	水	約2/3杯
		油	4湯匙

▶ 做法

1. 炸漿：麵粉、太白粉、泡打粉及鹽拌勻，加入適量水分，拌成適合的濃稠度，再加入油成炸漿，靜待20分鐘。

2. 生蠔用少許太白粉輕輕洗擦乾淨，用薑葱水燙至八成熟，取出擦乾，用適量鹽及胡椒粉拌勻。

3. 將半鍋油油溫加高，待油熱時，撒少許太白粉於生蠔上，再沾上炸漿，放到熱油內炸至酥脆，取出。把油溫度加高，放下炸生蠔，多炸片刻至酥脆，取出並瀝乾油。

4. 將酥炸生蠔盛盤，配辣醬油及淮鹽趁熱品嘗。

Tips:

炸前用少許太白粉灑於燙熟的生蠔表面，使生蠔表面略為乾爽，然後再沾上炸漿，這樣可使炸漿較易黏附，炸好的外層更均勻。

{椒鹽鮮菇}

市面上有很多新鮮菇菌，
選擇一些外形精緻、肉質較堅硬的種類，
只須沾上薄薄的粉漿然後炸脆，
就可成為一道簡單美味的前菜或下酒菜。

▶ 材料

鮮菇	150克
炸粉	1杯
水	適量
淮鹽	1/2茶匙

▶ 淮鹽做法

用乾鍋炒乾1湯匙細鹽，離火，加1/3茶匙五香粉拌勻。

▶ 做法

1. 鮮菇整理好，擦乾。

2. 炸粉用適量水拌勻至呈現可滴下「水珠」的程度。

3. 將1/4鍋油油溫加高，至中高油溫時，把鮮菇薄薄沾上炸漿，放入中火熱油內炸至金黃色，取出瀝油。

4. 把鍋內的油溫加高，放入鮮菇再炸至金黃香脆，取出並瀝乾油分。隨即撒下淮鹽，邊撒邊搖動使淮鹽均勻沾於炸鮮菇上。盛盤作為前菜品嘗。

{蟹肉桂花炒素翅}

何謂「桂花」？

其實是將蛋液炒至小片如桂花般的花瓣。

廚師要巧妙地使用火候及技術才可炒出細緻、甜香乾爽的「蛋桂花」。

▶ 材料

冰凍素翅	100克	韮黃	20克(切段)
雞粉	1茶匙	熟金華火腿	10克(切絲)
蟹肉(罐頭或新鮮的)	100克	蛋	2個
銀芽	80克	鹽	1/4茶匙

▶ 做法

1. 素翅解凍後，放入1/4鍋滾水內燙過，取出瀝乾水分並放入碗內，拌入雞粉醃10分鐘，炒前瀝乾水分。

2. 將1湯匙油油溫加高，放下銀芽，用大火炒至半熟，灑下少許鹽拌勻，取出並瀝乾水分。

3. 蛋放入大碗內加1/4茶匙鹽打勻，再把所有材料加入蛋液內拌勻。

4. 鍋內放入2湯匙油，並將油溫加高，把熱油盪勻鍋邊，倒入蛋等混合材料，再用中火炒至收乾，最後沿鍋子邊加少許油，再以大火炒至乾爽及甜香。

> **註**
>
> 可用50克粉絲代替素翅。先把粉絲浸軟，瀝乾後用溫清雞湯浸泡片刻，取出濾乾便可與蛋液一起炒。這道菜於傳統圍村菜也有見過，名為「炒長遠」。

AFTER

｛檸檬煎軟雞｝

這道菜餚真是百吃不厭。

但要調到酸甜適中又美味的檸檬醬汁實在不易。

經過一番摸索及嘗試，終於讓我找出大廚的方法，

原來是要加入一些罐裝檸檬特飲或汽水與新鮮檸檬汁一起烹煮，

這就是製作美味檸檬煎軟雞的秘訣。

▶ 材料

雞腿肉	300克
蛋液	1/2個
太白粉	1杯
檸檬	1顆

▶ 醃料

鹽	1/2茶匙
糖	1/2茶匙
淡醬油	1茶匙
太白粉	1茶匙

▶ 醬汁

水	1/3杯
新鮮檸檬汁	2湯匙
糖	1湯匙
鹽	1/16茶匙
卡士達粉	1/2茶匙
太白粉	1茶匙

▶ 做法

1. 雞腿肉去皮後拍鬆,切成大小均勻的小塊,與醃料拌勻待15分鐘。雞塊與蛋液拌勻,再均勻沾上太白粉。

2. 用中火將1/4鍋油油溫加高,逐塊將雞肉放入熱油內炸至微黃色,改用中慢火把雞肉炸熟。取出瀝乾,同時把鍋內的油油溫加高,放下雞塊再炸至金黃香脆。

3. 檸檬半顆切片,半顆搾汁。

4. 醬汁及檸檬片倒入鍋內煮滾,煮至濃稠,試味;把雞塊放入醬汁內快手炒勻隨即盛盤。

註

想檸檬味更突出,醬汁可用檸檬口味的飲料例如檸檬7-UP、Sunkist檸檬等代替水,而糖可酌量減少些。

｛梅子蒸排骨｝

小時候到餐廳飲茶，我最喜歡叫的點心就是「梅子排骨」，
那調製得宜的鹹酸味總是令我百吃不厭。
不知為什麼這味點心至今已漸漸被點心師傅遺忘，
要重溫舊味，只有在家製作了。

▶ 材料

排骨	300克(切小塊)
蘇打粉	1/4茶匙
鬆肉粉	1/4茶匙
水	1湯匙
太白粉	2茶匙

▶ 醃料

(一)

細酸梅	2粒
蒜末	1茶匙
薑末	1茶匙
豆瓣醬	1/2-1茶匙
大紅浙醋	1/2湯匙
糖	2茶匙

(二)

淡醬油	2茶匙
糖	1/2茶匙
麻油	少許
太白粉	1湯匙

▶ 做法

1. 排骨切小塊,沖乾淨及瀝乾水分。

2. 用水調勻蘇打粉及鬆肉粉,先與排骨拌勻醃10分鐘。

3. 酸梅壓爛,酸梅皮及肉可略剁泥,與醃料(一)的配料拌勻。

4. 排骨醃軟後與醃料(二)拌勻待10分鐘,再拌入醃料(一)多醃20分鐘。

5. 蒸時把2茶匙太白粉與排骨拌勻,放盤子內撥平,隔水以中大火蒸20分鐘至熟(視肉塊大小)。

· 酸梅的鹹味重過酸味,加入適量大紅浙醋既可提升酸味又可以添加顏色。

{山楂烤排骨}

▶ 材料

排骨(8條5公分長)	500克
麵粉	1湯匙
蘇打粉	1/2茶匙
水	1湯匙

▶ 醃料

鹽	1/2茶匙
糖	1/2茶匙
太白粉	1茶匙
淡醬油	1茶匙
紹興酒	1湯匙
蛋液	1湯匙
紅蔥頭末	1茶匙

▶ 醬汁

(一)

山楂片	10片
話梅	1粒
甘草	2小片
水	1杯

(二)

糖	1-1又1/2湯匙
大紅浙醋	1湯匙
茄汁	1平湯匙

▶ 做法

1. 排骨沖淨及擦乾。

2. 用水調勻蘇打粉及鬆肉粉,先與排骨拌勻並醃10分鐘。

3. 排骨醃軟後與醃料拌勻放1小時。

4. 將1/4鍋油油溫加高,排骨濾淨醃料,薄薄撒上麵粉,放熱油內炸熟,取出瀝淨油分。

5. 醬汁(一)煮滾,用小火熬出味至剩1/2杯,加醬汁(二)煮至糖溶化。

6. 待醬汁煮至濃稠,便放入炸熟的排骨與醬汁炒至呈糖膠狀,最後淋上1/2湯匙油快手炒勻。

· 山楂體積細小,味道甘酸,
北方傳統小吃冰糖葫蘆就
是以脆口的焦糖包裹著酸
甜的山楂,這兩個極端的味
道融合在一起,真讓人生津
開胃。山楂的酸味有別於檸
檬、青檸、醋等其他酸味食
材。用來煮醬汁搭配肉,酸
味自然,又可引起食慾。

{咕咾肉}

每次我製作這道菜餚，
便會回憶起當年每逢路經灣仔馬師道的大排檔時口水便會直流！
因為這裏的咕咾肉特別有鍋氣，還沒走近便已聞到香氣撲鼻而來，
一口咬下，更是美味又脆口！秘訣原來是要把肉塊先炸一次至熟，
然後當饕客點單時再翻炸一次至外脆內嫩。再加上一個夠甜又夠酸的醬汁，
怪不得當年門庭若市，多少人都是為了這味咕咾肉慕名而來！

▶ 材料

里肌肉	200克
甜青椒	1/2個
紅辣椒	1根
罐裝鳳梨	2片
蒜頭	1粒(切片)
蛋液	1/2個
太白粉	1/2杯

▶ 醬汁

水	1/4杯
白醋	1湯匙
茄汁	1湯匙
辣醬油	1茶匙
糖	1又1/2湯匙
鹽	少許
太白粉	1茶匙
色素(橙紅粉)	少許

▶ 醃料

淡醬油	2茶匙
糖	1/2茶匙
麻油及胡椒粉	少許
太白粉	1茶匙

▶ 做法

1. 甜青椒、紅辣椒及鳳梨切塊。

2. 里肌肉切塊，與醃料拌勻待10分鐘，拌入蛋液，每塊皆均勻沾上太白粉。

3. 將1/4鍋油油溫加高，里肌肉逐塊放入熱油內，炸至外層太白粉緊緊包裹著肉，然後轉中慢火把肉炸熟及浮起在油表面，取出。再將鍋內的油油溫加高，把炸過的肉塊放回熱油內炸第二次至金黃色及脆口，取出瀝乾油分。

4. 以1湯匙油爆炒配菜，加醬汁煮滾後，將炸脆的肉塊回鍋與醬汁快手炒勻盛盤。

{蒜香牛柳粒}

我較喜歡選用北美洲或澳洲的進口牛肉，不同部位有不同口感。
菲力適合用來炒，肉質嫩滑，但因缺少脂肪，肉香稍微不足。
沙朗牛排切成厚塊煎至七、八成熟最美味；而肋眼則含較多脂肪，均勻分佈，
用來切塊或切條後煎炒最適宜，不但香甜又有嚼勁。

▶ 材料

牛肋眼或牛小排	300克
蒜頭	6粒(切片)
芥蘭莖	1杯(切丁)

▶ 醃料

蒜末	1茶匙
黑胡椒粉	1/4茶匙
淡醬油	1湯匙
糖	1/2茶匙
太白粉	1茶匙

▶ 醬汁

水	5湯匙
淡醬油	1茶匙
糖	1/2茶匙
太白粉	1茶匙

▶ 做法

1. 牛肉切成2公分塊狀，與醃料拌勻後待5分鐘。

2. 芥蘭莖切丁，放滾水內加少許鹽及糖燙熟後，取出。

3. 將4湯匙油油溫加高，把蒜片以中慢火炸脆，取出。

4. 將剩下2湯匙油油溫加高，放入牛肉塊炒至八分熟，加芥蘭莖炒並加入醬汁，灑下炸脆蒜片，快手炒數下便可盛盤。

{大豆芽肉鬆}

小時候，家人對這菜的暱稱為「鴨仔餸」，為甚麼叫「鴨仔餸」？
因為所有材料都是剁碎的，整盤看來像鴨子吃的飼料。
這是一個很家常的菜餚，用大豆芽菜及剁碎的豬肉炒香，特別下飯。
看起來簡單，但要製作得好，一定要有耐性及掌握好火候。大豆芽菜必需要耐心炒至完
全乾透，才可把「青草」味徹底去掉。

▶ **材料**

大豆芽	400克
切碎菱角	1/2杯
豬絞肉	120克
蒜末	2茶匙
薑末	2茶匙
葱末	2湯匙

▶ **醃料**

淡醬油	1茶匙
鹽及糖	1/2茶匙
麻油及胡椒粉	少許
太白粉	1茶匙

▶ **調味料**

鹽及糖	1/3茶匙
麻油及胡椒粉	少許

▶ **做法**

1. 大豆芽修切好，沖淨，瀝乾後剁碎，用廚房紙壓乾。

2. 豬絞肉與醃料拌勻。

3. 將2湯匙油油溫加高，放下大豆芽，用大火與半份蒜末、薑及葱炒乾，炒至沒有「菜青味」，取出。

4. 再將1湯匙油油溫加高，爆炒豬絞肉與其餘半份蒜末、薑及葱，加入菱角、大豆芽及調味料炒勻。最後沿鍋邊加少許油，大火炒至乾爽為佳。

尋味

尋尋覓覓，
美味總是在不經意間驀然出現。

In Search of Flavours

During our search for good foods,
incredible flavours usually
show up unexpectedly.

{菇菌醬}

菇菌含豐富抗氧化物對身體有益，近年人們追求飲食健康，
掀起了吃菇菌的熱潮——
鮮菇、乾菌、菌油、黑菌醬等等從世界各地大量湧現市場。
曾經一次時值七月中，雲南鮮菇菌正當季，我和一些烹飪課的學生，
特別走到一間素菜館品嘗廚師精心製作的全菌宴。
其中我最喜歡就是簡簡單單的菇醬蒸飯。

▶ 材料

乾牛肝菌或乾草菇	100克
雞腿菇	100克
鮮蘑菇	100克
鮮香菇	50克
紅蔥頭	4粒(切末)
浸牛肝菌或乾草菇的水	約1/2杯
太白粉水	適量

▶ 調味料

淡醬油	3湯匙
陳年醬油	2湯匙
糖	2-3茶匙
胡椒粉	少許

▶ 做法

1. 乾牛肝菌/草菇沖淨，瀝去水分。用約1杯水蓋過菇菌浸泡至軟(約30分鐘)。取出菇菌，搾出水分留用。菇菌切小塊。

2. 雞腿菇、鮮蘑菇及鮮香菇切小塊。

3. 將5-6湯匙油油溫加高，小火爆香紅蔥頭末，加牛肝菌/草菇炒至香味溢出。加入其他鮮菇炒至沒有「菇腥味」，然後分次加入調味料，邊炒邊加直到菇菌吸收。加入適量浸泡菇菌的水，用中慢火燜至入味及水分收乾至濃稠，拌入適量太白粉水勾芡成菇菌醬。

註

菇菌醬取出待涼，存放冰箱可保鮮數天。牛肝菌因價錢偏貴，可用乾草菇代替，有別種香氣。

菇菌醬拌麵

細粒的菇菌，如螞蟻上樹般沾著每一條燜得彈牙的闊條麵，何等美味。

▶ 材料

新鮮義式寬蛋麵	3個
金針菇	1包
紅蔥頭	2粒(切片)
薑	2片(切細絲)
自製菇菌醬	1/2杯(看33頁)

▶ 調味料

水	3/4杯
雞粉	1/2 茶匙
蠔油	1湯匙
淡醬油	1湯匙
陳年醬油	1茶匙
糖	1茶匙
太白粉	1茶匙

▶ 做法

1. 新鮮義式寬蛋麵放入半鍋滾水內燙至八成熟，取出「過冷水」，瀝乾備用。

2. 金針菇切去根部，沖淨及瀝乾。紅蔥頭切片，薑切細絲。

3. 將2-3湯匙油油溫加高，爆香紅蔥頭及薑，加金針菇炒香，倒入調味料煮滾，放入麵條用筷子撥鬆避免黏底，拌炒及燜1-2分鐘至入味。

4. 最後可選擇加入菇菌醬一起炒或先把拌麵盛盤，再將菇菌醬炒熱鋪在麵上。

{菇菌醬蒸飯} （二人用）

以蒸飯配自製菇菌醬，最能突出菇菌的鮮味及白米飯的香味。

▶ **材料**

長米	1杯(量杯)
水	約1杯
自製菇菌醬	1/2-2/3杯(看33頁)

▶ **做法**

1. 米沖淨，濾去水分，放陶瓷鍋內，加入適量水拌勻。

2. 鍋內燒滾水，放入陶瓷鍋與米隔水蒸成飯(20-25分鐘)。

3. 飯熟後，把菇菌醬鋪在飯上，蓋上鍋蓋蒸3分鐘至菇菌醬熱透。

4. 食用時把菇菌醬與白飯隨意拌一拌，趁熱品嘗。

台式鹹蛋黃蒸肉

台式鹹蛋黃蒸肉最好提早蒸熟，放冰箱冰一至兩天，
食用時再蒸熟，整體味道變得更成熟、更香濃。
它是一個拌飯的好菜餚，最適合帶便當工作的上班族。
我採用包裝的鹹蛋黃，因其方便性，
而且味道和從整顆鹹蛋取出的蛋黃沒太大的分別，
而且也不會浪費掉鹹蛋白。

▶ **材料**

鹹蛋黃	2個
豬絞肉	300克
切碎菜脯	2湯匙

▶ **調味料**

現磨醬油	1/2湯匙(約10克)
醬油膏	3/4-1湯匙
糖	1茶匙
太白粉	1湯匙
水	2湯匙

▶ **做法**

1. 豬絞肉加菜脯及調味料拌勻，攪至有黏性，放入小碗或盤內，鹹蛋黃放在表面，醃半小時。(可分兩份)

2. 醃好後把鹹蛋黃肉蒸熟(15-20分鐘)，待涼後放冰箱一天。

3. 食用前把鹹蛋黃肉蒸熟(約8-10分鐘)；這台灣道地小菜，可配飯或麵。

註

醬油膏是台式菜餚的調味醬油，可用淡醬油及蠔油各半代替。

{三杯雞}

不要小看酒、醬油、糖這三種家家戶戶都有的調味料，
只要調配得宜，可以在家都能享用這道色、香、味俱全的異地風味。

▶ 材料

光雞	1/2隻(切塊)
薑汁	1又1/2湯匙
薑	6片
紅蔥頭	4粒
麻油	1湯匙
九層塔	1把

▶ 調味料

花雕酒	1小酒杯
淡醬油/陳年醬油	1小酒杯
糖	1小酒杯

▶ 做法

1. 光雞沖淨擦乾，切塊，與薑汁拌勻待5分鐘。

2. 薑及紅蔥頭略拍，九層塔取葉沖淨。

3. 將1湯匙油油溫加高，爆香薑及紅蔥頭後，馬上加入雞塊，然後加1湯匙麻油拌炒。

4. 先灑下花雕酒，炒數下，再加入陳年醬油炒數下至上色，最後加糖炒勻，蓋好煮至雞熟。

5. 改用大火炒至醬汁濃稠，最後加九層塔拌勻即完成。

註

一小酒杯容量約50至60毫升(3至4湯匙)，視雞的大小調整使用的份量。

· 九層塔也是這菜的靈魂，使三杯雞有獨特的香味。

香酥芋泥卷

適逢芋頭當季，那入口溶化的芋泥帶著芋頭的芳香，令我百吃不厭。

每次到鴨脷洲這間酒家吃晚飯，

都會吃完一盤又再來一盤香酥芋泥卷。

他們把芋泥均勻鋪於腐皮上，

捲起後再切薄塊，沾粉煎香，

兩面金黃香脆，真可滿足吃芋頭的要求。

▶ **材料**

芋頭	500克(去皮)
腐皮	1/4塊
麵粉	適量

▶ **佐料**

准鹽、辣醬或辣醬油

▶ **調味料**

五香粉	1/3茶匙
鹽	1/2-3/4茶匙
糖	1/2茶匙
麻油及胡椒粉	少許
太白粉	2湯匙
水	2湯匙

▶ **做法**

1. 芋頭去皮,切片,盛盤後,隔水蒸軟,然後壓爛,放碗內拌入調味料成芋泥。

2. 腐皮用濕布擦乾淨,剪去硬邊,剪成15公分×20公分長方形。

3. 把芋泥放腐皮上撥平,捲起,用麵粉漿黏口。

4. 用刀將芋泥卷切成1公分厚塊,沾上薄薄麵粉。

5. 將油溫加高,放下芋泥塊,以中火煎至兩面金黃香酥,可蘸准鹽、辣醬或辣醬油吃。

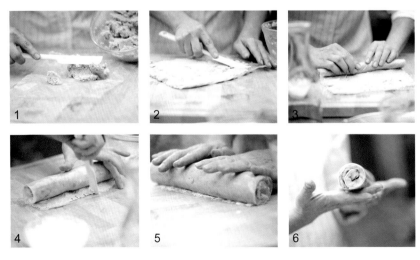

．烹調芋頭不能缺少用五香粉調味，它們有相得益彰的效果。

{豆醬手撕魚}

這是經改良的新派傳統潮州飯魚，
每次吃的感覺是「鹹鮮香爽」。
普寧豆醬在這道菜的角色是功不可沒，
把魚肉與米粉調和得融合一體。

▶ 材料

（一）

大眼雞魚	1條（500克）
鹽	1/2茶匙
葱	2條
普寧豆醬	1湯匙

（二）

新竹米粉	50克(泡軟)
葱	1條(切末)
油	1湯匙
普寧豆醬	1湯匙

▶ 做法

1. 大眼雞魚鱗刮好，洗淨及擦乾，用鹽擦勻魚身，放上葱，隔水蒸熟(約6-8分鐘)，取出待涼。

2. 把魚肉取出，撕成條狀，用適量的普寧豆醬拌勻。

3. 預備葱油：在鍋內將1湯匙油油溫加高，關火，隨即加葱末拌勻，備用。

4. 新竹米粉放滾水內泡熟(約1分鐘)，取出，撥鬆，與葱油及適量普寧豆瓣醬拌勻。

5. 盛盤時將米粉拌豆醬手撕魚一起品嘗。

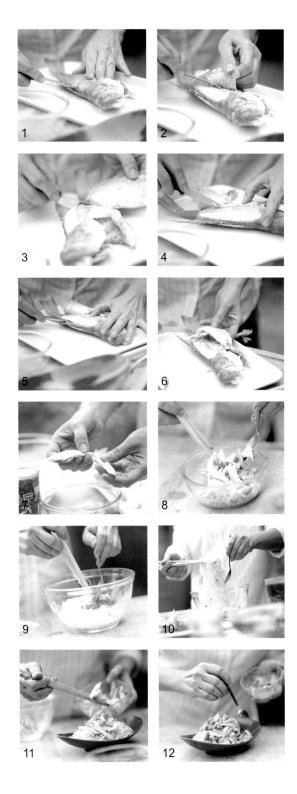

1
2
3
4
5
6
7
8
9
10
11
12

・我用台灣新竹米粉取其有入口清爽、細吃有米香。

{桑拿蝦}

「桑拿」來自英文Sauna，是指蒸氣浴。用這個概念先把卵石燒熱，
灑下少許液體（酒）以蒸氣把蝦煮熟，原汁原味。
發明這個烹調法的廚師一定很享受桑拿浴。
桑拿蝦較白灼蝦略為乾，滲透酒香，蝦肉還帶點鹹鮮。

▶ 材料

活沙蝦或細中蝦	250克
花雕酒	1/2杯
鹽	1/2茶匙

▶ 用具

卵石	約500克
鑄鐵鍋(可放烤箱)	1個
厚毛巾	1條

▶ 辣椒醬油(拌勻)

醬油	3湯匙
食用油	1湯匙
朝天椒	適量

▶ 做法

1. 卵石放鑄鐵鍋內，再放入攝氏250度高溫烤箱內烤至卵石熱，約30分鐘。

2. 鮮蝦沖淨瀝乾，用花雕酒及少許鹽泡5至10分鐘，然後瀝去花雕酒。

3. 卵石與鍋從烤箱取出，隨即把蝦倒入熱騰騰的卵石內，蓋上鍋蓋及厚布，烤至蝦剛熟(2-3分鐘視蝦的大小及卵石的熱度)。

4. 趁熱配辣椒醬油品嘗。

註

每次放入的蝦不可多，熱度不夠蝦不易熟。
選用細中蝦，較容易熟透，因卵石的熱度有限。

1　2　3
4　5　6

{新鮮乾陳皮雞翅}

鼻子聞是鮮香的橙皮，口裏嘗的是醇厚陳皮。

▶ 材料

雞翅	500克(切一半)
紅蔥頭	2粒(切片)
陳皮絲	1湯匙
(浸軟，刮薄及切絲)	
新鮮橙皮絲	1個

▶ 醃料

薑汁	1湯匙
淡醬油	1湯匙

▶ 醬汁

紹興酒	3湯匙
淡醬油	1湯匙
陳年醬油	1茶匙
糖	1湯匙滿

▶ 做法

1. 雞翅解凍，沖淨及擦乾，切一半，與醃料拌勻待15分鐘。

2. 陳皮放入盤中，並加少許糖蒸5分鐘。

3. 將2湯匙油油溫加高，把雞翅煎至8成熟，加入紅蔥頭片炒香，再加陳皮絲炒勻。倒入醬汁，用中慢火煮至陳皮香味溢出。

4. 改用中火收汁及灑下新鮮橙皮絲，快手炒勻盛盤。

· 陳皮是廣東三寶之一，有藥療及食療價值，可理氣健脾，燥濕化痰。適當地運用，其香味更可除腥及提升食材的味道。

嘗味

熟悉的材料，換個玩法，
又有出奇不意的驚喜！

Savouring Different Flavours

Familiar ingredients,
mixed and matched different ways,
may yield surprising results.

{白灼蝦}

到海鮮酒家吃白灼蝦的價錢都是以每兩計，吃上十兩都要幾百元。

在家製作可否煮出餐廳的水準?要白灼蝦鮮甜爽口，我有幾個提議:

1. 蝦固然要新鮮;

2. 燙蝦的水要足夠;

3. 每次蝦的份量不可多(半斤至十兩為限);

4. 水要大滾才可放入蝦;

5. 用鍋蓋蓋好，待水再次滾起來就要馬上撈起;

6. 避免蝦肉煮的時間太長而肉質變硬。

1

2

3

▶ **材料**

活中蝦或沙蝦　　　　300克
辣椒醬油　　　　　　1小碟

▶ **做法**

1.活蝦從市場買回來後用水沖淨，以漏杓盛起。

2.燒半鍋水，待水大滾時放入300克蝦，看蝦在水中邊滾邊轉色。

3.水再次滾起時，隨即用漏杓把全部蝦取出。

4.白灼蝦趁熱蘸辣椒醬油品嘗。

{陳皮香菜烤蠔砵}

烤魚腸、烤魚頭都越來越少人在家製作。新鮮魚腸難求，清洗過程繁複；
魚頭剔肉功夫又多；所以我便想到不如用肥美生蠔代替，
不但程序較簡單，其鮮味可媲美魚的鮮美。

▶ 材料

生蠔	8隻(150克蠔肉)
薑	2片(略拍)
葱	一條(略拍)
紹興酒	1湯匙
豬絞肉	50克
金華火腿塊	2湯匙
香菇塊	2湯匙
黑木耳塊	2湯匙
薑末	2湯匙
葱末	1湯匙
香菜	1棵(切碎)
陳皮	1/6個(浸透及切碎)
油條	1/2條(切片)
蛋	3個
清雞湯	2/3杯(或水加1平茶匙雞粉)

▶ 醃料（生蠔）

淡醬油或魚露	1茶匙
麻油及胡椒粉	少許

▶ 醃料（豬絞肉）

淡醬油	1茶匙
麻油及胡椒粉	少許
太白粉	1/2茶匙

▶ 調味料（蛋）

鹽	1/2茶匙
雞粉	1/2茶匙
麻油	1/2茶匙
胡椒粉	1/4茶匙

▶ 做法

1. 生蠔用少許太白粉洗擦乾淨，再用水沖淨，擦乾。鍋內將1-2湯匙油油溫加高，爆香薑及葱，倒入洗淨的生蠔略煎至微微金黃，下紹興酒，取出，吸乾水分，然後切粗塊，拌入醃料。

2. 豬絞肉拌入醃料。香菇及黑木耳浸軟切塊，其他配料切好 。

3. 蛋加調味料拌匀，加入清雞湯及所有材料。放至已灑上油的陶瓷鍋內。

4. 用中火蒸20分鐘至熟及凝固。蛋表面灑上少許油，放入已預熱攝氏220度的烤箱或放中火烤架內烤至呈金黃色。

5. 出烤箱後撒些胡椒粉，趁熱品嘗。

註
生蠔用魚露調味，比用淡醬油更美味。

{煙燻小黃魚}

小黃魚肉嫩味鮮，鹽醃後煎香，外脆內嫩；
再把它煙燻，不但能提升味道的層次，
更能使肉質變得較為結實，更有口感。

▶ 材料

小黃魚	500克(4條)
鹽	1-1又1/2茶匙

▶ 煙燻材料

鋁箔紙	1張
茶葉	4湯匙
白飯	4湯匙
黑糖	1/3片(切碎)

▶ 做法

1. 小黃魚清理好，沖淨及擦乾，用鹽擦勻醃2-3小時。

2. 小黃魚擦去鹽，再擦乾魚身，放至中慢火油內煎熟，取出。

3. 煙燻材料散放鍋內，蓋好，用中慢火煎熱，待至煙霧散出，然後先放鐵架，再放煎好的小黃魚，蓋好，煙燻至入味（約15至20分鐘），可趁熱食用或待涼作前菜品嘗。

註

有位上海阿姨巧手煎小黃魚，秘訣在於醃好後有時間把魚晾乾。煎時魚不易黏鍋，煎好的小黃魚皮香肉嫩。

{XO醬炒鮮鮑魚}

鮑魚總是給人名貴的感覺。

乾鮑魚近年來漲價不少，加上製作費時，所以只會過年過節才會做這道菜。

新鮮鮑魚，尤其是中國大連出產的，近年大量供應市場，價格相宜，

就算是個子小小的，取肉整隻炒，加些配菜都不失為一道宴客菜餚。

▶ 材料

帶殼新鮮鮑魚	12-16隻(約500克)
XO醬	2湯匙
紅蔥頭	2粒(切片)
蒜頭	2粒(切片)
薑	4片
青花菜	1個

▶ 醬汁

(一)

水	1/3杯
雞粉	1/2茶匙
糖	1/4茶匙
太白粉	1茶匙

(二)

水	1/3杯
蠔油	1湯匙
淡醬油	1茶匙
糖	3/4 茶匙
太白粉	1又1/2茶匙

▶ 做法

1. 新鮮鮑魚取肉，清理乾淨，在頂部輕輕劃兩刀，以漏杓瀝乾待用。

2. 青花菜切小球，放滾水內加1茶匙鹽及糖燙至八成熟，取出瀝乾。將2湯匙油油溫加高，爆香半份薑及蒜片，加青花菜炒及醬汁(一)炒勻盛盤。

3. 用乾淨鍋子將適量油油溫加高，爆香紅蔥頭、其餘薑及蒜片，放下鮑魚，用中火炒至八成熟，灑少許紹興酒，加XO醬及邊炒邊加入醬汁(二)。

4. 把鮑魚盛盤，以青花菜圍邊。

註

新鮮鮑魚可連殼先蒸熟，取肉，後炒；肉質偏柔滑。若選擇生炒，火候掌握得好，鮑魚味鮮肉爽口。

清洗鮑魚：

清洗鮑魚一點也不難，只要有牙刷和鐵匙就可以。首先用牙刷刷淨裙邊，再用鐵匙挑起鮑魚肉，剔去內臟，洗乾淨就可以烹調了。

（看圖1-6）

{新法釀鯪魚}

傳統方法釀鯪魚需要用到兩條魚才足夠使一條釀鯪魚飽滿好看。

從前要烹調這道菜時，會請魚販將鯪魚剔肉及剝皮，

當然皮是要保留完整模樣，不能有破損，可見其魚販的刀工是多麼出神入化！

但時至今日，這奇技已不容易碰到，一般魚販都不願意提供這麼費時的服務。

那有什麼方法可讓這傳統菜餚延續下去？

Annie的新煮意或許可讓你我都做得到，用腐皮、紫菜代替鯪魚皮，取其形，

醬料跟著舊食譜，使美味不變！

▶ 材料

圓形腐皮	1塊(剪成兩個半圓形)
日式即食海苔	2片
調味鯪魚膠	400克
香菇	2-3朵(泡軟，切碎)
蝦米	1湯匙(泡軟，切碎)
切碎陳皮	1茶匙(泡軟，切碎)
葱末	1湯匙
太白粉	適量
麻油及胡椒粉	少許

▶ 粉漿

麵粉	3湯匙(與適量水拌成粉漿)

▶ 醬汁

(一)

蒜末	1茶匙
薑末	1茶匙
葱末	1湯匙
紅辣椒末	1湯匙

(二)

水	3/4杯
淡醬油	1湯匙
糖	1/2茶匙
麻油及胡椒粉	少許
太白粉	2茶匙

▶ 做法

1. 鯪魚膠拌入切碎的配料攪勻，可加適量太白粉、少許麻油及胡椒粉攪至有黏性。

2. 用適量粉漿薄薄刷於一塊腐皮上，黏上兩片海苔；再於海苔上刷少許粉漿，鋪上另一塊腐皮(樣子似鯪魚皮)。放入魚肉撥成魚身厚度，摺捲腐皮捏成魚形。

3. 先把腐皮魚放已灑油的盤子內，隔水用中至大火蒸熟(約20分鐘)。取出後薄薄刷上少許太白粉於腐皮上，用少許油煎香，再切塊盛盤。

4. 將1湯匙油油溫加高，爆香醬汁(一)，加醬汁(二)煮滾及勾芡，淋於魚塊上，趁熱品嚐，有傳統整條釀鯪魚之風味。

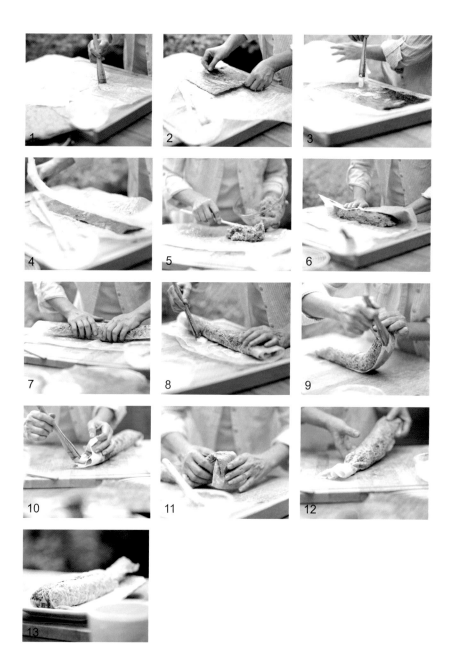

{芋籤西芹雞柳}

芋籤西芹雞柳是飲宴名菜「百雀歸巢」的變奏。
這道菜使我印象深刻，除了因為賣相討好，可能與飲宴往往等候需時間，
到宴席開始，嘗到第一道端上的熱葷，自然特別覺得可口。

▶ 材料

雞腿肉	250克
芋頭	100克(切細條)
西洋芹	2枝(120克)(切細條)
紅蘿蔔	50克(切細條)
蒜頭	1粒(切片)

▶ 醃料

淡醬油	2茶匙
糖	1/2茶匙
麻油及胡椒粉	各少許
太白粉	1茶匙

▶ 醬汁

水	6湯匙
淡醬油	1茶匙
糖	1/2茶匙
太白粉	1茶匙

▶ 做法

1. 雞腿肉切細條，與醃料拌勻待5分鐘。

2. 西洋芹及紅蘿蔔切細條。

3. 芋頭切成細條，加入1湯匙太白粉使表面乾爽。放入1/4鍋油內以中慢火炸至微黃色，取起瀝油。

4. 用1-2湯匙油爆香蒜頭，下雞肉爆炒1分鐘，加西洋芹及紅蘿蔔炒透，倒入醬汁勾芡，最後加炸脆芋籤炒數下即完成。

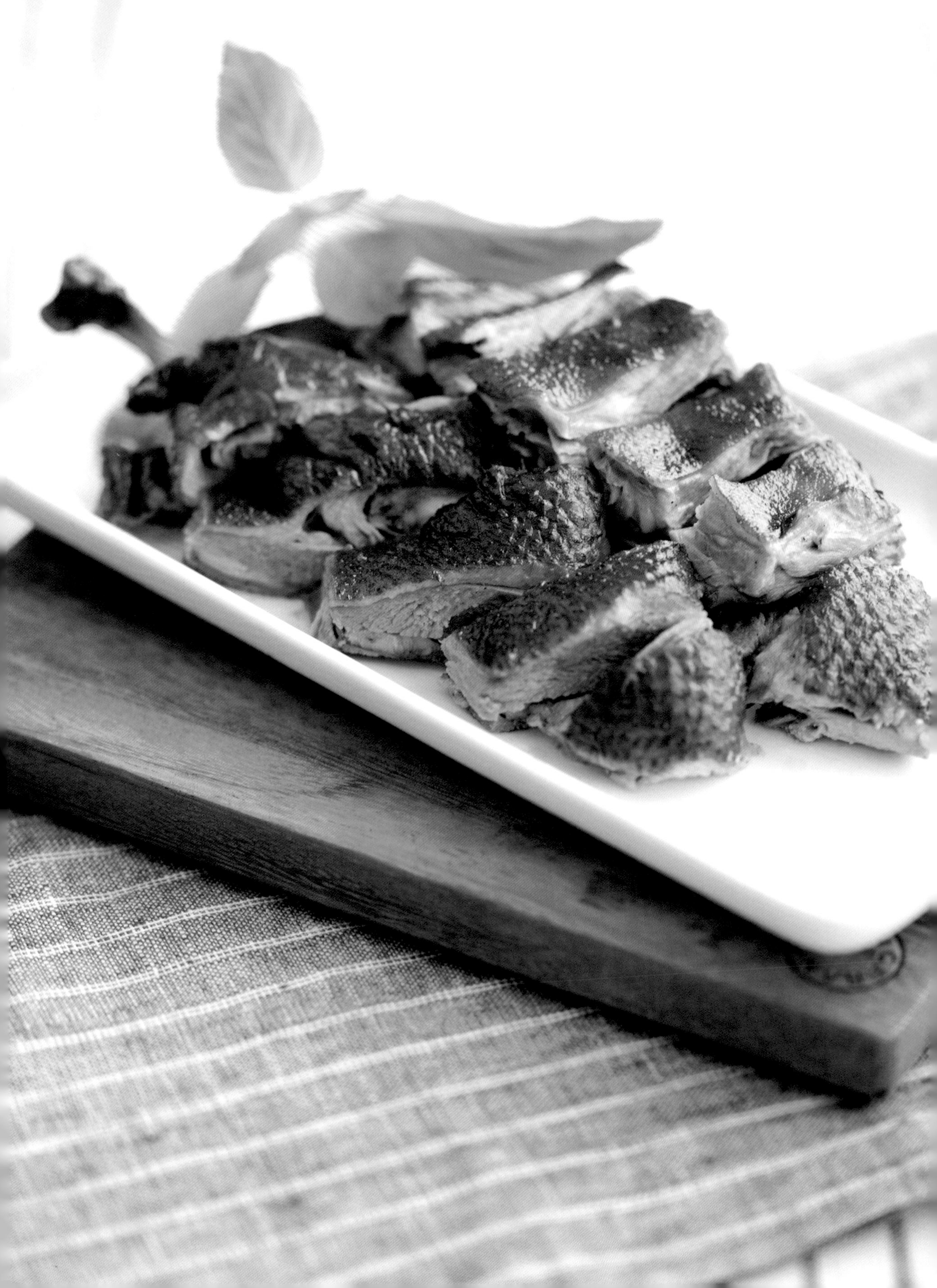

{新派燻樟茶鴨}

我教烹飪多年興趣仍有增無減，往往在餐廳品嘗到美味的菜餚，
都會激發我的動力，要把那些菜餚簡化為家庭方法製作。
我喜歡樟茶鴨那齒頰留香的煙燻味，加上略帶鹹香及結實的肉質，
更是分外美味。為達到以上準則，於是我利用了燻油、蒸、吊乾或烤箱焙乾，
而最後用熱油淋鴨皮，力求做到超越餐廳的水準。我這個新派樟茶鴨，
就連我一位「嘴尖」的朋友都讚不絕口。

▶ 材料

光鴨	1隻
（1.2-1.5公斤）	

▶ 醃料

（一）

紹興酒	3湯匙
燻油	1湯匙

（二）

鹽	4茶匙
八角	2粒
川椒碎	3/4茶匙
五香粉	1/4茶匙

＊用乾鍋炒香

（三）

水	1湯匙
淡醬油	1茶匙
燻油	1茶匙
糖	1/2茶匙
橙紅色素	少許(隨意)

▶ 蒜末醋汁

米醋	3湯匙
冷開水	1湯匙
糖及鹽	少許
蒜末及紅辣椒末	1/2茶匙

*調勻

▶ 做法

1. 光鴨洗淨，擦乾，用醃料(一)擦勻鴨內外，再擦醃料(二)，待30分鐘。

2. 醃好的鴨放入大盤子內，用鋁箔紙蓋好，隔水蒸至柔軟(約50分鐘)。取出，鴨皮擦上醃料(三)，放涼處數小時至略為風乾。

3. 食前把鴨放漏杓上，用熱油淋鴨皮多次至酥脆。瀝乾油分，切塊盛盤。

4. 以淮鹽及蒜末醋汁蘸食。

· 燻油

{口水雞}

我吃不了太辣，但卻偏偏喜愛吃「口水雞」。

我最享受的是當味蕾接觸到那蘸滿辛辣配料的雞肉時，

那花椒的麻及朝天椒的辣在口中跳躍，大放異彩，

有時還真使我吃得汗流浹背。有一次請朋友來家吃飯，

因時間急迫，我偷步買了白切雞，

淋上我精心調配的麻辣蘸醬，同樣令客人大快朵頤！

▶ 材料

白斬雞	1/2隻(600-800克)
溫室黃瓜	1條

▶ 撒面

切碎烤香花生	3湯匙
炒香芝麻	1茶匙
切碎香菜	1棵
切碎葱	1條
紅辣椒或朝天椒末	適量
炒花椒末	少許

▶ 醬汁

(一)

熱水	3湯匙
糖	1-2湯匙
醬油	1/4杯
(淡醬油及陳年醬油)	
鎮江香醋	1-2湯匙
豆瓣醬	1湯匙
麻油	1湯匙
辣椒油	1湯匙

(二)

葱末	2湯匙
香菜末	1湯匙
蒜末	1湯匙
朝天椒末	2-3根
炒花椒末	1茶匙

▶ 做法

1. 白切雞切塊，黃瓜切片或條。

2. 醬汁(一)拌勻，試味。然後加醬汁(二)拌勻。

3. 雞塊及黃瓜排放盤上，淋上醬汁，灑上適量切碎花生、芝麻、香菜、葱、辣椒及花椒末增添香味。

註

醬汁(二)內的香料要留待盛盤前一刻才放入醬汁(一)內，讓那強烈而美味的辛辣味散發在你口腔內。

· 紅川椒

{山東手撕雞}

煮雞肉有什麼好煮法？

可配沙拉、做三明治餡、炒飯，我還想起山東燒雞。

我會把燒雞肉撕成條，調理醬汁，加些辛辣配料，

以清爽的黃瓜墊底，簡單快速就製作好了。

▶ 材料

燒雞或醬油雞	1/2隻（600-800克）
細黃瓜	1條（切條放在盤上）

▶ 醬汁

（一）

水	3/4杯
淡醬油	2湯匙
陳年醬油	2湯匙
糖	1湯匙
八角	2粒

*慢火熬10分鐘

（二）

葱末	1湯匙
薑末	1/2湯匙
蒜末	1/2湯匙
醋	2湯匙
麻油	1茶匙

▶ 做法

1. 雞取肉，手撕成細條狀。

2. 盤內先放黃瓜，再把雞肉鋪在表面。

3. 慢火熬醬汁(一)至香濃，略涼後加入醬汁(二)拌勻。

4. 食用時，淋適量蘸醬於雞肉上，其餘蘸醬汁佐食。

註

熬好的醬料最好放涼後才拌入醬汁(二)的香料。這可避免新鮮切的辛辣香料被燙熟，導致香味大減。

{洋蔥雞煲}

有一次逛街時接到友人的求救來電，

要我馬上教她一道菜餚以款待即將到訪的奶奶。

我知道她的廚藝不甚了得，剛巧我走過一間燒臘店，

看到掛著的醬油雞，於是便有了一個點子：用現成的材料加工，

不用10分鐘便做成這道美味得體、色香味俱全的「洋蔥雞煲」。

翌日接到朋友來電致謝及讚賞，令我沾沾自喜！

所以和各位分享這道菜。

▶ **材料**

熟醬油雞	1/2邊
洋葱	1個(切片)
薑	2片
蒜頭	1粒(切片)
葱	1條(切段)

▶ **醬汁**

水	2/3杯
蠔油	1湯匙
淡醬油	1/2-1湯匙
糖	1/2茶匙
太白粉	1茶匙

▶ **做法**

1. 用砂鍋將1湯匙油油溫加高，爆香薑、蒜頭、葱白及洋葱，炒至洋葱半熟便倒入醬汁煮滾。

2. 半邊已切塊的雞整齊的排放在洋葱上，用醬汁淋在雞塊上數次，蓋上砂鍋蓋，改用慢火煮3-5分鐘把雞加熱。

3. 最後加入其餘葱段，整鍋上桌。

註

醬油雞味道最為搭配，白斬雞或鹽烤雞也可。
請燒臘店把雞切塊及排整齊成半隻雞形。
不可把雞煮過久，只要加熱就可，因醬油雞已經煮熟。

{花旗參浸鮮雞翅}

我曾為高麗參設計食譜,用它泡新鮮雞翅,

想不到參味滲透雞翅之餘,

那口清湯竟然有濃濃的雞香及香醇的高麗參味。

你可因應個人體質及季節,選用花旗參或其他藥材入菜。

▶ 材料

新鮮雞翅(翼尖及中間節)	8隻
花旗參片	10克
枸杞	1湯匙(略浸)
黑木耳	8朵(浸透)
銀耳	1/2球(浸透)
清雞湯	2杯
水	1杯

▶ 醃料

薑汁酒	1湯匙
鹽	1/2茶匙

▶ 做法

1. 將新鮮雞翅沖淨及瀝乾,拌入薑汁酒及鹽醃10分鐘。

2. 黑木耳及銀耳浸透後切好後,用滾水燙,沖淨及瀝乾。

3. 全部材料除雞翅外放鍋內煮滾,改用中慢火熬15分鐘。

4. 雞翅用中慢火的滾水燙5分鐘約半熟,取出,沖淨及瀝乾。

5. 放入湯料內,改用中慢火浸熟(約10-15分鐘)及至湯濃香;調味後即可品嘗。

註
做法4很重要,可避免雞翅的血水及腥味滲入花旗參雞湯內而變得渾濁。

· 我曾為高麗參設計食譜,用它浸鮮雞翅,想不到參味滲透雞翅之餘,那口清湯竟然有濃濃的雞香及香醇的高麗參味。你可因應個人體質及季節,選用花旗參或其他藥材入菜。

古早味

經典美味，細水長流。

Authentic Flavours

Authentic traditional flavours –
scrumptious and everlasting!

{潮州拼盤}

｛潮州滷鴨｝

潮州餐廳多選用鵝來浸滷汁，因為肥美肉厚，但一般家庭未必輕易做到。

鵝體形比鴨大，最少重五、六斤(約3至4公斤)，

又不易買到，要向售賣家禽的店舖提早訂下，

因為現在家禽都是中央屠宰後冷凍。所以我便選用了鴨。

光鴨(宰殺處理後的叫法)可由兩斤半至三、四斤重(約1.5至2.5公斤)，

豐儉由人，市場及超市都可買到。

最重要是一般家庭烹調器皿都可容納，

用心烹煮，細火慢工，必定美味！

▶ 材料

(一)
光鴨	1隻
(1.5-2千克)	
鹽	2茶匙
水	12杯

(二)
八角	4粒
南薑	80克(略拍)
蒜頭	6粒(略拍)

▶ 滷水料

花椒*	2茶匙
八角	8粒
陳皮	1/3個
南薑	80克(略拍)
黑糖	1塊(切碎)
淡醬油	3/4杯
陳年醬油	1/2杯
水	2杯

▶ 蒜末醋蘸汁

蒜泥	1茶匙
紅辣椒泥	1茶匙
米醋	1/4杯
冷開水	2湯匙
鹽及糖	少許

*調勻

▶ 做法

1. 光鴨洗淨及擦乾，切去翅尖及掌，用2茶匙鹽抹勻鴨腔及皮，醃1小時，然後把材料（二）放入鴨腔內。

2. 滷汁料放大鍋內煮滾，放入鴨，用滷汁料淋勻鴨身至上色。

3. 加12杯水煮滾，用竹蓆墊著鴨避免黏鍋，蓋好，用中慢火燜1至1又1/4小時，每隔20分鐘把鴨翻轉及淋醬汁，熟後取出待涼。

4. 鴨切塊排放盤子內，以蒜泥醋蘸吃。

> **註**
> 把花椒放入小茶葉袋內，可以避免花椒黏在鴨肉上。

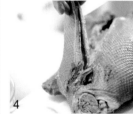

· 花椒、八角、南薑是潮州滷汁料的靈魂。圖中的中國南薑，味道香濃，傳統潮州餐廳多使用；來自東南亞的南薑肉質細嫩，味帶清香，可加一部分來提升香味。

{滷五花腩肉}

五花腩肉肥瘦相間,最好連皮一起烹調。
整條五花腩肉過水,再用薑葱水煲,減去了多餘脂肪;
然後放滷汁慢火煮至入味。再把滷熟的肉條在室溫下放涼,
待肉的纖維變得較為結實不易鬆散,再切成不多於一公分的厚塊,
厚薄適中。用熱的滷汁淋過肉塊經數次加熱,入口不油不膩,
滷汁香醇,齒頰留香。

▶ 材料

帶皮五花腩肉	600克
(2條的4公分寬)	
薑	4-6片,略拍
葱	2條,略拍
蒜頭	4粒,略拍
酒	3湯匙
潮州滷汁	

▶ 做法

1. 將五花腩肉的毛刮乾淨,沖淨,整條腩肉放滾水內,用滾水燙5分鐘,取出,沖水至乾淨。

2. 再用清水加入薑、葱、蒜、酒及用滾水燙過的腩肉,水要蓋過肉表面,加蓋,以中慢火煲30分鐘至半軟,取出,再沖淨。

3. 把腩肉放入滷汁中煮至軟(約30分鐘),關火,多浸30分鐘至入味,切塊盛盤。

{潮州滷豆腐}

滷鴨味美，墊在鴨塊下面的滷豆腐也深受饕客喜愛。
買現成炸豆腐或自己炸也可以。最重要是滷豆腐時不可弄爛，
否則會破壞滷汁的色、香、味。另一辦法是取部分滷汁分別把豆腐滷至入味。

▶ **材料**

炸豆腐	4塊
白醋	少許
潮州滷汁	

▶ **做法**

1. 滾水中加少許白醋，把炸豆腐用滾水燙，沖過，瀝乾。

2. 豆腐放在滷汁中滾5分鐘，關火滷至入味。

> **註**
>
> 可隨意加入水煮雞蛋或鴨蛋於滷汁中滾5分鐘，關火滷至入味。

{潮州鹹菜}

要製作美味的潮州鹹菜沒有百分百的食譜。
鹹菜是現成的,需要用水浸泡至適中鹹度。
糖及麻油都是依個人口味調整。
南薑泥更是潮州鹹菜的靈魂,利用它獨特的味道醃鹹菜,
便是十足風味潮州道道地地的配粥佳品。

▶ 材料

潮州鹹菜	300克

▶ 調味料

糖	2-3湯匙
南薑泥	3湯匙
麻油	1湯匙

▶ 做法

1. 把潮州鹹菜沖淨,以水蓋過表面浸1-2小時(期間換2次水),瀝淨及瀝乾。

2. 潮州鹹菜切塊,放大碗內。

3. 加調味料拌勻,放冰箱醃最少1天至入味。

{潮州粥}

潮州白粥不似廣東粥那麼黏稠，
也不像泡飯那般清爽，
是介於兩者之間。水分比煮飯多一些，
而煲的時間又比煮廣東粥少一些，
總而言之多煮幾次便可掌握其精髓。

▶ 材料

長米	300克
水	10杯

▶ 做法

1. 洗米，瀝乾。

2. 把10杯水煮滾，加米，用中火煮至飯熟(25至30分鐘)。食用時連粥水一起享用。

{正醬芋鴨}

我的曾祖母最拿手製做正醬芋鴨。什麼是「正醬」？

「正醬」是曾祖母的家鄉話，其廣東話正音是「蒸」，「蒸」鴨用的混合醬料，

現在只有傳統醬料舖有販售。我還記得小時候到九龍醬園買「正醬」，

店員會從數個玻璃瓶取出醬料放入塑膠袋內混合一起，

問他醬料配搭是什麼，店員總是支吾以對，原來是商業秘密！

這個「正醬」內不同醬料的比例如調配得度，

用來燜鴨及五花豬腩肉就特別美味。

▶ 材料

光鴨	1隻 (重約2公斤)
芋頭	500克 (切塊)
陳年醬油	3湯匙
玫瑰露酒	1湯匙
太白粉水	適量

▶ 醃料

(一)	
薑	4片
紅蔥頭	2粒(略拍)
蒜頭	2粒(略拍)
正醬(燜鴨醬)	1/2 杯
(二)	
淡醬油	1湯匙
切碎冰糖	3湯匙

▶ 做法

1. 光鴨清理，沖淨及擦乾，用陳年醬油擦勻鴨皮，待片刻。將1/4鍋油油溫加高，把熱油淋在鴨皮上至金黃色，瀝乾油。

2. 用中慢火將2湯匙油油溫加高，爆香醃料(一)，加醃料(二)煮至冰糖溶化，試味，留起1/3份。

3. 用玫瑰露酒擦勻鴨腔，把2/3份醃料放入鴨腔內後，再把鴨腔向上放置蒸鍋內。

4. 芋頭用油炸至微黃，與剩下的1/3份醃料拌勻，然後排放在鴨邊。

5. 用鋁箔紙蓋鴨，隔水燉1又1/4-1又1/2小時或至鴨肉鬆軟。

6. 鴨燉好後瀝出醬汁，鴨切塊排放盤子內，芋頭放在旁邊。

7. 把醬汁煮滾，調味，用適量太白粉水勾芡，淋於鴨上。

{八寶鴨}

現在的市場已沒有現殺現買鴨了，賣的都是中央屠宰冷凍鴨，
把整隻鴨去骨這門技術也沒法傳下去而有可能慢慢失傳，實在可惜，
要吃粵式八寶鴨只有上館子去。這個不需要去鴨骨的淮揚風味八寶鴨，
既易做又美味，只需要剖開鴨胸，釀入餡料，燉至酥爛，
像扒鴨般的吃法，一般家庭都可製作。

▶ **材料**

光鴨	1隻(重1.5公斤)
紹興酒	3湯匙
陳年醬油	3湯匙

▶ **餡料**

糯米飯*	3杯
金華火腿	2湯匙(切丁)
雞肉	80克(切塊)
香菇	4朵(浸軟及切塊)
筍肉	1/4杯(切塊)
栗子	6粒(去皮及略煲)
蓮子	12粒(去芯及略煲)
薑末	1茶匙
紅蔥頭末	1湯匙

▶ **雞肉醃料**

淡醬油	1茶匙
麻油	少許
太白粉	1/2茶匙

▶ **餡料調味料**

陳年醬油	1/2湯匙
淡醬油	1/2湯匙
麻油	1/2茶匙

▶ **醬汁**

燉鴨滷汁及水	共1杯
淡醬油及陳年醬油	各1/2-1湯匙
糖	1又1/2茶匙
太白粉	1湯匙

▶ **做法**

1. 光鴨洗淨，沿鴨胸切開成琵琶形，放入熱水內用滾水燙，取出，沖淨及瀝乾。把紹興酒及陳年醬油擦勻鴨身，醃30分鐘。

2. 餡料：把所有材料切塊，雞肉用醃料拌勻；將2湯匙油油溫加高，先炒雞丁、薑及紅蔥頭末，加入其餘餡料及調味料炒勻，再與糯米飯拌勻。

3. 將鴨皮向下放置大碗內，把糯米飯餡鑲放於鴨胸。鋁箔紙蓋好，放鍋內隔水燉1又1/2小時至軟。

4. 把大碗內的燉鴨醬汁濾出留作醬汁用。鴨反扣於盤子上(皮向上)。

5. 醬汁煮滾，淋於八寶鴨上，即可享用。

*把300克糯米浸4小時，瀝乾後拌入1又1/2湯匙陳年醬油、1又1/2湯匙淡醬油、1又1/2茶匙糖及1/2茶匙麻油，隔水蒸30分鐘。

> **註**
>
> 為避免釀糯米時黏手，雙手可先塗上少許食用油。

{紮蹄}（蠔油及蝦子口味）

製作紮蹄有如做勞作，要包紮得適中，
蒸好後紮蹄才不會過緊實或太鬆散。
這個懷舊小吃具有腐皮的豆香，不乾不濕，甘香有嚼勁。

▶ 材料

圓形腐皮	4塊
炒香蝦子	1茶匙(約5克)
濕軟棉繩	4條(包紮用)

▶ 調味料

溫水	1又1/2杯
淡醬油	3湯匙
蠔油	1湯匙
麻油	1茶匙
糖	1湯匙

▶ 做法

1. 腐皮用濕布擦淨，剪去硬邊。把2大塊圓形腐皮修剪成8小塊(約20公分方形)，其餘腐皮剪碎。

2. 調味料拌勻。8塊方形腐皮用調味料略浸濕，其餘剪碎的腐皮放入調味料內浸軟，取出輕輕搾去多餘醬汁，分兩份。

3. 蝦子紮蹄：炒香蝦子與一份剪碎腐皮拌勻。取2塊方形腐皮疊起平放，放入半份蝦子腐皮，把腐皮兩邊向中央覆摺，再從下向上捲起，以棉繩紮緊(重複做2條蝦子口味)。
   蠔味紮蹄：重複做法，除去蝦子(做2條蠔油口味)。

4. 紮蹄排放在已灑油蒸籠蒸軟(約15分鐘)。蒸好待涼，除去棉繩，切片作小吃品嘗。

1 2 3 4
5 6 7 8
9 10 11 12

{蝦子柚皮}

還記得小時候看見媽媽用傳統方法製作柚皮，總覺程序繁複：
要先把青黃色的柚皮用明火燒烤至焦黑，期間會聽到「吱吱」聲響，
原來是柚皮的油分在發揮，這樣才能把柚皮的苦澀味去除。
之後要將柚皮浸泡數小時，然後將焦黑的部分徹底刮掉。以為這樣就做好？
才不！柚皮還要泡水及換水多遍，直至柚皮完全白淨，要需時一、兩天呢！
之後柚皮才可以用土鯪魚熬製的濃湯煨煮入味，再撒下一把蝦子，
嘩！滋味到不得了！媽媽，很感謝您不厭其煩，
為我們用心製作這道百吃不厭的蝦子柚皮呢！

▶ 材料

柚皮*	2個 (切成8塊)
炒香蝦子	2茶匙
紹興酒	1湯匙

▶ 太白粉水

太白粉	1茶匙
水	1湯匙
*調勻	

▶ 醬汁料

清雞湯或豬骨湯	2杯
水	1杯
鹽	1/2茶匙
糖	1茶匙
淡醬油	1湯匙
蠔油	1湯匙
胡椒粉	1/4茶匙
麻油	1茶匙

▶ 做法

柚皮*

1. 刨去柚皮黃綠色部分至呈白色，放滾水內，用滾水燙3-5分鐘，取出，過清水。

2. 擠乾後，再用清水浸蓋表面。數小時後，再擠乾，換清水。重複至柚皮沒有苦澀味，約需1-2天，取出瀝淨。

煨煮柚皮

1. 將2湯匙油油溫加高，慢火先炒蝦子，灑酒，注入醬汁料煮滾，放下柚皮，蓋好，燜至軟及入味。

2. 取出柚皮，芡汁拌入適量太白粉水勾芡，柚皮回鍋一起煮滾。

3. 盛盤後多撒些炒香蝦子在表面。

註

以厚而纖維細嫩的沙田柚為首選，其次可用當季泰國西施柚。
一般會用牛骨造的柚子刀把柚子的皮切為四份。

{梅乾菜排骨}

霉乾菜（梅乾菜）的「霉」總是給人一個負面的感覺，
但對我而言，是「入口溶化，味道飄香」。
梅乾菜吸滿肉汁的芳香、油潤，
與燉得鬆軟的排骨，就如牡丹的綠葉，不可或缺。

▶ 材料

排骨	1排(600克)
上海梅乾菜	120克(浸透)
紹興酒	3湯匙
燉肉醬汁	1又1/4杯
糖及淡醬油	少許(調味)

▶ 太白粉水

太白粉	1湯匙
水	2湯匙
*調勻	

▶ 調味料

(一)	
薑	6厚片
蒜頭	4粒
紅蔥頭	4粒
(二)	
水	1又1/2杯
淡醬油	1/3杯
陳年醬油	1/8杯
糖	1/4杯
八角	4粒

▶ 做法

1. 排骨放滾水內燙3-5分鐘，取出擦乾。

2. 梅乾菜先用水沖數次以去雜質，再擠乾切碎。

3. 將1湯匙油油溫加高，爆香調味料(一)，灑下紹興酒，加入梅乾菜拌炒，然後加入調味料(二)，以中慢火煮5分鐘。

4. 把排骨放調味料內，反覆煮至微咖啡色。

5. 全部材料放置燉鍋內，梅乾菜及調味料要剛蓋過排骨。加鍋蓋，放鍋內燉1又1/2至2小時。

6. 排骨燉軟後取出盛盤。

7. 梅乾菜與1又1/4杯燉肉醬汁煮滾並試味道，可加入少許糖及淡醬油；用適量太白粉水勾芡，淋於排骨上。

{滷豬腳}

這道滷豬腳入口不油膩，而且還有豐富的膠原蛋白，

秘訣在於將豬腳用滾水燙和煮至五成熟後，沖冷水再放滷汁內煮至入味。

我喜歡的吃法是先把滷豬腳冷凍，

再放室溫20分鐘後作前菜吃，

有嚼勁，美味又清爽。

▶ **材料**

豬腳(新鮮或冷凍)	1對(切塊)
薑	8片
葱	4條
紹興酒	4湯匙
水	12杯

▶ **滷汁料**

水	10杯
陳年醬油	1/2杯
淡醬油	1/4杯
糖	1/2杯
八角	8粒
桂皮	1枝(約5公分長)
陳皮	1/3個
薑	4片
紹興酒	4湯匙

▶ **做法**

1. 豬腳沖淨，燒滾半鍋水，先把豬腳用滾水燙5分鐘，取出沖淨。

2. 12杯水加薑、葱、紹興酒及已燙熟豬腳一起煮滾，蓋上鍋蓋改用中慢火煮30分鐘至五成軟。取出豬腳，用清水沖多次至豬皮乾淨。

3. 將滷汁料放入鍋內煮滾，並熬15分鐘至香濃，放下豬腳，蓋上鍋蓋，用中慢火煮30分鐘，關火，蓋上鍋蓋待一小時。

4. 取出滷汁豬腳盛盤。取1/4杯滷汁，加5滴麻油，淋於豬腳上可增添香味及光澤。

註

滷豬腳放涼後食用佐酒最佳。

甜味

細啖甜味，每一口都感幸福。

Sweet Flavours

Holy sweetness ……
good to the last bite!

{層層疊疊咖啡鮮奶油果凍}

這個甜品樣子很精緻，品嘗時也可加點趣味。

細細一層一層吃，可品嘗到單一義大利香濃咖啡Expresso或奶香味。

多層一起吃，便是cafe latte了。

▶ 材料

咖啡溶液

水	2杯
吉利丁粉	3平湯匙加1平茶匙
糖	2/3杯
即溶義大利濃咖啡粉	6茶匙

鮮奶油混合物

水	1杯
吉利丁粉	2平湯匙加1平茶匙
糖	1/3杯
鮮奶油或淡奶	1/2杯

▶ 做法

1. 預備咖啡溶液：吉利丁粉、糖及咖啡粉拌勻。把水煮滾，沖入咖啡粉等內拌溶。小杯內先注入一層咖啡溶液，每倒一層，便要置冰箱待凝固。其餘咖啡溶液要保持液體狀，以便注入小杯內做更多層。

2. 預備鮮奶油混合物：吉利丁粉與糖拌勻。把水煮滾，沖入吉利丁粉糖內拌溶，再拌入鮮奶油或淡奶。鮮奶油混合物注入已凝固的咖啡果凍上，放冰箱待凝固。其餘鮮奶油混合物要保持液體狀，以便注入小杯內做更多層。

3. 把兩款果凍層層疊疊盛於小杯內成咖啡鮮奶油果凍。

· 每一層果凍必須已凝固才可倒入另一層，否則兩款果凍會變得渾濁。

{香煎豆沙芋泥餅}

喜愛「甜」的我，連芋頭都不會放過，
以芋頭製作甜品，用豆沙或蓮蓉做餡。

溫馨提示：
可用剩餘的月餅餡加上鹹蛋黃，味道出乎意料的好！

▶ 材料

去皮芋頭	250克
澄粉	50克
滾水	1/4杯
麵粉	3-4湯匙
糖	50克
油	2湯匙
豆沙	100克

做法

1. 芋頭切塊排放盤子內，隔水蒸熟至鬆爛，取出，趁熱壓成泥。

2. 澄粉放碗內，沖入滾水，快速拌勻成熟澄粉。

3. 芋泥放大碗內，依次序加入糖、油、熟澄粉及適量麵粉至成芋泥糰。

4. 芋泥糰分8小份，用手捏成小窩，中央放少量豆沙餡，把旁邊芋泥覆蓋餡料，收口，再壓成小餅形。

5. 平底鍋內將4湯匙油油溫加高，放下芋餅，用中火煎熟至兩面金黃香脆。

{煎八寶糯米飯}

第一次於上海菜館吃到煎香的八寶糯米飯，我便立刻愛上了。
那不太甜、不太膩的煎糯米飯，
夾著少許酸酸甜甜的乾果，外脆內軟兼有嚼勁。
每次到這間館子我必定吃，當知道一份要近百元，
我便決定回家做個家常版。

▶ **材料**

糯米	3/4杯
水	3/4杯
糖	3湯匙
豬油或酥油	2湯匙
豆沙	80克
葡萄乾、龍眼乾、紅棗、枸杞	各1湯匙(切碎)
細白糖	1湯匙

▶ **做法**

1. 糯米沖淨，用水蓋過表面浸泡1小時，然後瀝去水分。

2. 把水、糖及豬油煮滾，放下糯米煮3分鐘，不停攪動至水分收乾。

3. 離火後拌入豆沙及切碎乾果。

4. 把一個18公分深盤子內灑油，倒入糯米料撥平，隔水蒸20分鐘至糯米熟透。略放涼後，小心把整個糯米飯取離盤。

5. 平底鍋將2湯匙油油溫加高，輕輕放下糯米飯煎至兩面金黃香脆。

6. 盛盤，並撒些白糖在表面。

｛燉蛋｝（二人用）

不同季節，我對甜品有不同的喜好。

秋冬天晚飯後，有什麼比品嘗嫩滑、暖暖的燉蛋更美妙。

我比較喜歡清香蛋味，所以只會加少許鮮奶。我沒有食譜，也沒用量杯量匙，

以一人份量為例，先放一個蛋於飯碗內打散，

然後用打開的半個蛋殼量四次水(那便是蛋與水的比例等於1比2)。

再加一湯匙淡奶及一滿湯匙砂糖攪勻，或乾脆用一湯匙半的煉乳就可以了。

用鐵湯匙除去蛋液面上的泡沫，將碗隔水用中慢火蒸8分鐘；

遇上天氣寒冷便蒸多兩分鐘。用手輕輕把碗傾斜便知蛋是否凝固。

全個過程不需15分鐘，就有一碗香滑、暖烘烘的燉蛋宵夜了。

▶ **材料**

大雞蛋	2個
鮮奶或冷開水	1杯
糖	2湯匙

▶ **做法**

1. 蛋放碗內拌勻，加鮮奶及糖，攪拌至糖溶解。

2. 用篩子過濾，並除去泡沫，然後注入兩小碗內。

3. 把鍋內的水煮滾，盛著蛋液的碗放在蒸架上，蓋上鍋蓋，改用中慢火蒸約8至12分鐘至蛋凝固。

· 蒸蛋的時間視火候及盛蛋液的碗內深度而定。

· 注意碗底部不可接觸滾動的水面，否則燉蛋的底部會蒸「老」及有小孔。

· 燉蛋不一定用鮮奶，用水代替鮮奶，蛋味更香濃。或用適量椰奶便成椰汁燉蛋。比例以2個大蛋對1杯或250毫升液體為合宜。

· 測試蛋熟：用牙籤以45度角插入燉蛋，如牙籤不倒代表蛋已凝固，否則牙籤會站不穩。

{脆皮西谷米布蕾}

西谷米布蕾令我想起年幼時飲宴的美點雙輝，是我的至愛。
肚子飽飽還可吃下一大碗。媽媽看見我吃得那麼美味，
也會讓她那份的一半給我。到我學會西餐後，
我便把焦糖脆皮融合於西谷米布蕾內，
提升了這個懷舊甜品的口感層次，好一個中西合璧。

▶ 材料

（一）

西谷米	120克(約1杯)
水	1又3/4杯
糖	1/2杯
奶油	30克

（二）

水	1/4杯
玉米粉	20克
卡士達粉	20克
淡奶	1/3杯
蛋	2個(拌勻)

▶ 餡料

栗泥或蓮蓉	150克

▶ 做法

1. 西谷米放2杯水內浸15分鐘，瀝出備用。

2. 用鍋燒滾1又3/4杯水，加入浸透西谷米煮滾約1-2分鐘至呈現半透明，關火，蓋好燜5分鐘至透明。

3. 拌入糖及奶油煮溶。

4. 玉米粉及卡士達粉放入水內拌勻，加淡奶及蛋。全部倒入燜透的西谷米內，邊攪邊煮至濃稠。

5. 烤杯塗上奶油溶液。先鋪一層西谷米，再鋪餡料，把其餘西谷米覆蓋表面。

6. 西谷米表面均勻撒上糖，放烤箱或用火槍烤成焦糖脆面。

Annie
的私房美味

Rosemary Romarin

作　　　者	/	黃婉瑩
發　行　人	/	程安琪
總　策　劃	/	程顯灝
總　編　輯	/	譽緻國際美學企業社、盧美娜
主　　　編	/	譽緻國際美學企業社、莊旻嬑
美　　　編	/	洪瑞伯
封面設計	/	洪瑞伯

出　版　者	/	橘子文化事業有限公司
總　代　理	/	三友圖書有限公司
地　　　址	/	106 台北市安和路二段213號4樓
電　　　話	/	(02) 2377-4155
傳　　　真	/	(02) 2377-4355
E-mail	/	service@sanyau.com.tw
郵政劃撥	/	5844889 三友圖書有限公司

總　經　銷	/	大和書報圖書股份有限公司
地　　　址	/	新北市新莊區五工五路2號
電　　　話	/	(02) 8990-2588
傳　　　真	/	(02) 2299-7900

初　　　版	/	2014年04月
定　　　價	/	新臺幣 300 元
ISBN	/	978-986-6062-88-9

Annie的私房美味 / 黃婉瑩作. -- 初版. -- 臺北
市：橘子文化, 2014.04
　　面；　公分
ISBN 978-986-6062-88-9(平裝)

1.食譜

427.1　　　　　　　　　　　103003060

http://www.ju-zi.com.tw